我的家在中國・節日之旅 ⑦

月是
故鄉明

中秋節

檀傳寶◎主編　李敏◎編著

中華教育

你是否好奇過——月亮為甚麼那麼圓？月亮裏真的住着嫦娥姐姐和玉兔嗎？我們甚麼時候也能到月亮上去看一看？
瞧，「賞月航班」正等着你！

目錄

中秋故事

「但願人長久，千里共嬋娟。」從古至今，中秋節的到來總會牽動起人們對故鄉和親朋好友的思念，激起人們對團圓和歡聚的期待。

天上一輪明月，人間一脈真情。當如水的月光灑在我們的腳下，正是「一年月色最明夜，千里人心共賞時」。

中秋檔案館

中秋起源於對月亮的崇拜。西漢《禮記》記載：「天子春朝日，秋夕月。朝日以朝，夕月以夕。」其中「夕月」為拜月之意。

北宋時期出現了「小餅如嚼月，中有酥和飴」的節令食品，由此形成中秋吃月餅的習俗。

唐代的文人雅士和高官貴族非常喜歡中秋賞月，並創作了大量的詠月詩篇。將賞月推向高潮的是唐玄宗。史書中記載，唐玄宗的生日與中秋節同一天，每年農曆八月十五，宮廷都要舉行盛大的慶典，流傳千古的《霓裳羽衣舞》就是由楊貴妃在中秋宴會上所表演的。

傳說，在元末，因為統治者的殘酷壓迫，各地民眾紛紛起義。由於元兵搜查嚴密，義軍領袖朱元璋難以將起義時間傳遞至各路起義兵。於是軍師劉伯溫想出一計，命令屬下把寫有「八月十五夜起義」的紙條藏入月餅，並分別傳送到各地起義軍中。果然，到了中秋那天，各路義軍一齊響應，很快便攻下元大都，朱元璋也順利當上了明代開國皇帝。

明清時期，中秋節的地位迅速上升，與端午、春節齊名，並流行祭月、拜月、走月光等活動。《紅樓夢》中，賈母對中秋賞月情有獨鍾：夜裏冷、風大，本不宜在外邊賞月，賈母卻堅持要到大觀園賞月；到凸碧山莊賞月的路上有百多步石階，她也堅持不坐轎而徒步登山。

自 2008 年起，中秋節被列為國家法定節假日。有趣的是，人們過了中秋似乎仍然意猶未盡，便在農曆八月十六再狂歡一次，叫作「追月」。

月宮裏的故事

春因百花而芬芳，秋因明月而浪漫。

古往今來，人們常用「月圓、月缺」來形容人間的悲歡離合，人間的許多美麗情愫都寄託在月亮之上。而與月亮息息相關、被稱為「團圓節」的中秋節，更是有着許多動人的傳說。

嫦娥奔月

據《山海經》記載，遠古時候，天上有十個太陽，曬得大地乾裂、海水枯竭，百姓苦不堪言。有個叫后羿的英雄用神箭一口氣射下了九個太陽，並命令最後一個太陽今後按時升落，造福百姓。

一個老道人欽佩后羿的為人，給了他一包長生不老藥，告訴他吃了可以升天做神仙。

后羿有個美麗賢惠的妻子嫦娥，大家都非常喜歡她。后羿非常愛自己的妻子，就把長生不老藥交給嫦娥收藏起來。

但后羿的徒弟逢蒙知道了，一心想偷長生不老藥，升天成仙。終於在這一年的農曆八月十五，逢蒙趁后羿不在家的時候闖入嫦娥的住所，逼嫦娥交出長生不老藥。嫦娥情急之下只好把藥全部吞下肚裏。不久，她的身體飄了起來，越飛越高，終於在月亮上停了下來。

后羿回到家，得知嫦娥飛走了，十分難過，但也只能望着月亮出神。

以後每年的農曆八月十五晚上，后羿和鄉親們都會在月光下祭月，寄託對嫦娥的思念。由於這天正值中秋，就定為中秋節。

嫦娥找影子

下面哪幅圖是左頁嫦娥奔月的影子？

①

②

③

④

嫦娥奔月現代版

「嫦娥一號」衛星於 2007 年 10 月 24 日發射升空，它是我國自主研制並發射的首個月球探測器，以中國古代神話人物嫦娥命名。它總重量為 2350 千克左右，預設壽命為 1 年。該衛星的主要探測目標是：獲取月球表面的三維立體影像；分析月球表面有用元素的含量和物質類型的分佈特點；探測月壤厚度和地球至月亮的空間環境。

「嫦娥二號」衛星是「嫦娥一號」衛星的姐妹星，在「嫦娥一號」衛星的基礎上改進設計，使控制精度提高，控制自主能力增強。「嫦娥二號」衛星於 2010 年 10 月 1 日發射升空，為科學家捕捉到了更清晰、更詳細的月球表面影像數據。

「嫦娥三號」探測器於 2013 年 12 月初發射升空，同時攜帶中國第一艘月球車「玉兔號」，實現了中國首次月面軟着陸。「玉兔號」月球車進行了月面巡視，並實現月夜生存，開展了月球表面地形地貌和地質構造、礦物組成等探測活動。

「嫦娥五號」探測器於 2020 年 11 月 24 日發射升空，完成了月球區域軟着陸及月面採樣，成功返回地球，這是時隔 44 年後人類再次從月球帶回月球樣本。

中秋之夜，是月球距地球最近、月亮最大最亮的時候。

中秋起源於人們對月亮的崇拜，而古人表達崇拜的方式之一便是對崇拜的事物加以神化。

中國古人信仰神靈，認為萬物都有神靈，所以桌有桌神、牀有牀神、山有山神、河有河神，月亮當然也有月神了。月亮屬陰性，所以月神是位女性，人們稱她為「月宮娘娘、月姑、月光菩薩」，民間認為月神就是嫦娥。

神奇的月桂樹

相傳月亮上的廣寒宮前有一棵生長繁茂的桂樹，這棵樹有五百多丈高，樹下有一個人常砍伐它，但是每次砍下去之後，被砍的地方又立即合攏了。

據說這個砍樹的人叫吳剛。吳剛是漢朝西河人，沉迷於仙道而不專心學習，因此天帝震怒，把他拘留在了月宮，令他在月宮砍伐桂樹，並說：「如果你能砍倒這棵桂樹，就可獲仙術。」吳剛便開始伐桂，幾千年過去了，吳剛伐倒桂樹的願望仍未達成。

為何這可望而不可即的事情，吳剛依然孜孜不倦地堅持了幾千年？

五百多丈高的月桂樹只有在廣寒宮（即月球）才能見到，而在我們的生活中「八月桂花香」可是確有其事喲！

傳聞，在每年農曆八月十五那天，會有一片月桂樹的葉子從月亮掉落到地面上。要是誰撿到這片葉子，誰就能得到意想不到的幸福。

在農曆八月，有一些花會為這個月增添香氣，你都認識嗎？
連一連，快給它們找到正確的身份證吧！

菊花：花瓣呈長舌狀或筒狀，顏色清麗、品種繁多。

曇花：花朵潔白如玉、清香四溢，開花時間極短，午夜開放時，猶如月下美人。

月季：四季開花，多為紅色，偶有白色，是北京、天津的市花。

迷迭香：花色為淡藍色或白色，散發迷人香氣。

桂花：葉茂而常綠，秋季開花，芳香四溢。樹冠多為圓球形。

玉兔搗藥

中秋玩具的大品牌——兔兒爺

民間非常喜愛搗藥的玉兔，於是在中秋節上，人們會按玉兔的形象製作出各種各樣的「兔兒爺」玩具。兔兒爺小的不到拇指高，大的可以有一米長。有的兔兒爺穿戴衣帽像個大官，有的兔兒爺穿着盔甲像個將軍；有的坐在蓮座上，有的騎在虎、獅、駱駝、梅花鹿的背上。臉部畫得最細緻，一律白粉底、三瓣嘴、細鬍鬚、紅眼睛、幾根眉毛、雙頰微紅。右手還拿着一根小小的杵，像在月宮裏搗藥的玉兔。

傳說兔仙得知嫦娥的遭遇後，很同情她。想讓一個女兒給嫦娥做伴。

兔媽媽捨不得自己的女兒，兔仙語重心長地對孩子們說：「如果是我孤獨地被關起來，你們願意陪我嗎？」

最後，兔仙和兔媽媽眼裏含着淚，決定讓最小的女兒到月亮上去。於是小玉兔就告別家人，到月宮陪伴嫦娥搗藥了！

古詩「尋月記」

「海上生明月，天涯共此時」，一輪明月「升起」了詩人的思念。「舉杯邀明月，對影成三人」，一杯濃酒「邀出」了詩人的孤寂。

從古至今，中秋應是最充滿詩意的節日了，當皎潔的明月高掛天宇，或圓或缺，最易撩動詩人的情思。眾多詩詞歌賦，營造了一個又一個中秋「彩雲追月」的意境！

水調歌頭

[宋] 蘇軾

明月幾時有，把酒問青天。不知天上宮闕，今夕是何年。我欲乘風歸去，又恐瓊樓玉宇，高處不勝寒。起舞弄清影，何似在人間。

轉朱閣，低綺戶，照無眠。不應有恨，何事長向別時圓？人有悲歡離合，月有陰晴圓缺，此事古難全。但願人長久，千里共嬋娟。

月下獨酌

[唐] 李白

花間一壺酒，獨酌無相親。
舉杯邀明月，對影成三人。
月既不解飲，影徒隨我身。
暫伴月將影，行樂須及春。
我歌月徘徊，我舞影零亂。
醒時同交歡，醉後各分散。
永結無情遊，相期邈雲漢。

追月行動：尋找更多詩詞歌賦裏含有「月」字的句子，填入下方橫線。

月 ＿＿＿ ＿＿＿ ＿＿＿

＿＿＿ 月 ＿＿＿ ＿＿＿

＿＿＿ ＿＿＿ 月 ＿＿＿

＿＿＿ ＿＿＿ ＿＿＿ 月 ＿＿＿

＿＿＿ ＿＿＿ ＿＿＿ ＿＿＿ 月

李白的牀在哪裏？

靜夜思

〔唐〕李白

牀前明月光，疑是地上霜。
舉頭望明月，低頭思故鄉。

《漢語大字典》中「牀」的第三個解釋是「井欄」。「井欄」俗話叫作「月亮壩裏」（月光照耀着的地方）。那麼李白詩中「牀前明月光」的「牀」是甚麼牀呢？想像一下，一個在屋裏牀上躺着的李白和一個在室外井欄前徘徊的李白，一種從窗戶斜照進牀前的月光和一種隨意照耀在院壩裏的月光，哪個更自然，哪個更優美，怎樣的意境組合更容易讓李白產生思鄉情懷？

中秋節這天，不是所有人都能闔家團圓。古代人沒有電腦和手機，無法打電話、發郵件，更不能用電腦視頻，能寄託思念的只有心神的追隨了。常年背井離鄉的人們，都有着團圓相聚的夢想，但很多時候他們只能用月亮來寄託對家人的思念，也因此留下了許多美好的詩詞。如今，中秋節賞月作詩的風氣沒有舊時盛行了，但人們團圓在一起期許美好生活的願望是永遠不會變的。

古人時常在月亮這個閃耀的大圓盤裏看見故鄉、家人……

在你的眼中，這個「圓盤」又代表着甚麼？

節俗印象

有關中秋的神話傳說豐富多彩，中秋節的習俗亦是層出不窮。習俗中寄託了人們的心願與祝福，一起來看看這些有趣的習俗吧！

拜月祭神

史書記載，早在周代，帝王就有春分祭日、夏至祭地、秋分祭月、冬至祭天的習俗。其祭祀的場所稱為日壇、地壇、月壇、天壇，分設在東南西北四個方向。北京的月壇，就是過去明清皇帝祭月的地方。

直到今天，祭月神的情景還是大致如此，沒有多大的變化。現在就帶你到各地感受一下祭月時的場景。

有些地方，如蘇州吳中區在祭月時，把月餅、水果、香燭、鮮花整齊地排列在供桌上，並對着天空中那輪皎潔的明月進行祭拜。

有些地方，像廣東潮安區，是在一位鳳冠霞帔的木雕月光菩薩前擺好豐富的祭品，對着木雕的菩薩神像祭拜。

但是大多數地方，尤其是北京，祭拜的則是木刻版印的「月光紙」。

在北方，月亮還沒升空時，家家戶戶已在庭前向着月出的方向（東邊）把供桌擺好了。桌上擺着應時的瓜果，如鴨梨、蘋果、石榴、西瓜、蜜桃、鮮棗、葡萄、柿子、嫩藕、毛豆等等。

南方則供柚子、芋頭、香蕉、柿子、菱角、花生、鮮藕等等，再加上清茶、素油、月餅、糖果，左右一對花瓶裏還插着必不可少的雞冠花。把月光紙貼在兩根柱子上，柱頂插兩面小旗，固定在供桌前。

月光紙是甚麼東西？

「月光紙」其實就是木刻版水彩印製的神像。中秋節祭拜的月光紙當然就是月神像啦！

走月亮

中秋夜晚，秋高氣爽、明月當空，大家都喜歡到郊外走走，尤其平時足不出戶的婦女，這時也可以出門散步賞月，俗稱「踏月」或「走月亮」。

古代中國的未嫁女子和大戶人家的婦女，平日是足不出戶的，只在過新年、元宵、中秋等節日，才被允許出門「拋頭露面」。她們對可以出門的機會份外珍惜，所以在中秋夜「走月亮」時，天快亮了還戀戀不捨，不願歸家。

閩南一帶的人認為中秋夜遊除了散心之外，還可以保持身體健康、祛除疾病，所以「走月亮」也稱「走百病」；有些地方認為中秋夜從橋上走一趟，可以獲得長壽。

在台灣，人們相信子女在中秋夜越晚睡，父母越高壽。這些都給了中秋賞月遲睡遲歸的人冠冕堂皇的理由。

醜女無鹽

戰國時期齊國的醜女鍾無鹽（又名鍾離春），她經常學習時事政治，關心國家大事。

無鹽在覲見齊宣王時，批評他沉迷酒色，耽誤國家大事。
齊宣王聽後很受觸動，並把無鹽收入宮中。

偷月光

故鄉的中秋節，是孩子們沐着月光玩遊戲時喊月亮喊出來的，是在月亮地裏踩月光踩出來的。

偷月光：中秋之夜偷月光，是很多地方的風俗，是孩子們必做的事情，即在「走月亮」返回的途中，順道到別人家的院子裏去「摸」一些好吃的東西。

偷瓜送子：在淮河流域、貴州等地有偷瓜送子的習俗。瓜偷來後，要為它穿上衣服畫上眉，打扮成小孩的模樣，抬送到無子的人家，接受瓜的人要請送瓜人吃月餅。

一年中秋，齊宣王意外看到月下的無鹽，突然覺得她十分美麗。

後來，齊宣王非常欣賞無鹽的美好心靈，竟然接受了她外貌上的缺陷，把她立為王后。

觀潮起潮落

看月讀時間

　　壯闊的海面，潮起潮落，勾起人們無限的遐想。潮汐是由於月球和太陽對江河的引力不斷變化，而形成的一種獨特自然景觀。朔月和滿月之時，月球的引潮力和太陽的引潮力疊加，形

亮面從東面出現，並逐步增大至滿月。

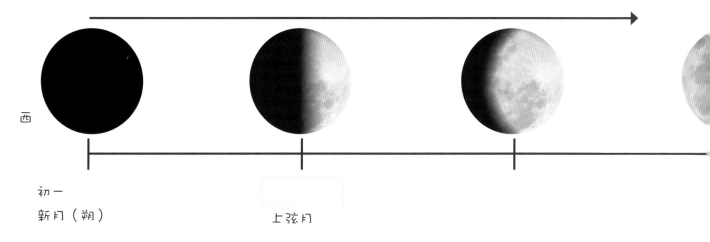

西

初一
新月（朔）

上弦月

16

成大潮；上弦月和下弦月時，太陽和月亮的引潮力互相抵消，形成小潮。這一奇特的自然景觀，總能令人心潮澎湃。尤其是農曆每月十五前後的「大潮」階段，還發展出民間一個至關重要的觀潮習俗。

請你在可以觀察到大潮景象的月相上標記星號，並在對應月相的方框內填上農曆時間。

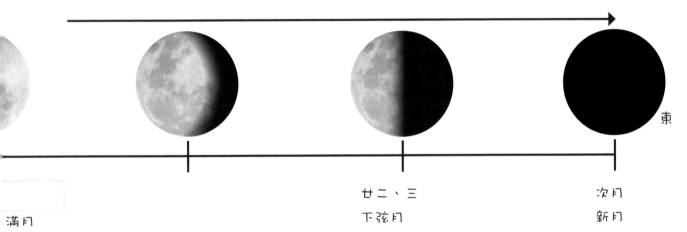

亮面從西面缺失，並逐步縮小至新月。

滿月

廿二、三
下弦月

次月
新月

東

資料袋

錢塘江大潮被譽為「天下第一大潮」。錢塘江又名「羅剎江」「之江」，是中國東南沿海地區主要河流之一，流經安徽省、浙江省。在古代浙江一帶，除了賞月外，觀潮是中秋節的又一盛事。

白居易有詞《憶江南》曰：「江南憶，最憶是杭州。山寺月中尋桂子，郡亭枕上看潮頭。何日更重遊？」

蘇軾在《八月十五日看潮》一詩中，記錄了宋代在中秋到來的時候，杭州人攜家帶口前往錢塘江口觀潮的風俗和盛況：「定知玉兔十分圓，已作霜風九月寒。寄語重門休上鑰，夜潮留向月中看。」

月餅三

月餅有話說

我是主角

在中秋節，月餅是不可或缺的主角。千百年來，它沐浴着月光，表達着人們對團圓和幸福的渴望。

月餅最初是用來祭奉月神的祭品，後來人們逐漸把中秋賞月與品嘗月餅結合在一起，以月之圓象徵人之團圓，以餅之圓比喻人之常生，從中可以看出人們對幸福的祈盼。說到此，不得不提及一個有名的歷史典故。

傳說有一天，唐代大將軍李靖打了場大勝仗，並在農曆八月十五這天凱旋。一個在長安做生意的吐蕃商人，向皇帝李淵進貢了一盒餅以表示祝賀。皇帝接過餅盒，一邊拿出圓餅一邊指着天上的明月說：「應將胡餅邀蟾蜍（這圓圓的餅應該請月亮一起來吃）。」 隨後分給羣臣共享。後來，大家就把這種餅叫作月餅，每年農曆八月十五都要拿出來吃。

▼月餅「體檢表」

月餅種類	能量 （kJ/100g）	脂肪 （g/100g）	碳水化合物 （g/100g）	蛋白質 （g/100g）	鈉 （mg/100g）
法式月餅	2309	36	0.3	7	96
冰淇淋月餅	1990	34.2	4.6	3.8	166
紅月餅	1967	25	8.2	5.7	145
伍仁月餅	1865	17.6	0.9	7.2	26

月餅在下棋

如今的月餅品種可謂異彩紛呈。這麼多月餅僅是按地域來分類，就能湊成一桌棋子了。你看月餅們開始下棋了。楚河兩岸，傳統月餅與時尚月餅蓄勢待發！

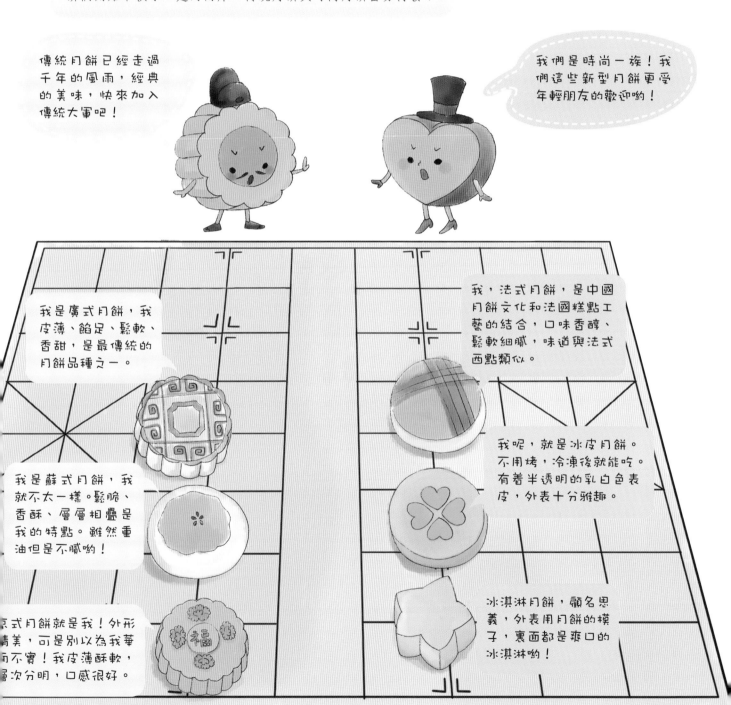

傳統月餅已經走過千年的風雨，經典的美味，快來加入傳統大軍吧！

我們是時尚一族！我們這些新型月餅更受年輕朋友的歡迎喲！

我是廣式月餅，我皮薄、餡足、鬆軟、香甜，是最傳統的月餅品種之一。

我，法式月餅，是中國月餅文化和法國糕點工藝的結合，口味香醇、鬆軟細膩，味道與法式西點類似。

我是蘇式月餅，我就不太一樣。鬆脆、香酥、層層相疊是我的特點。雖然重油但是不膩喲！

我呢，就是冰皮月餅。不用烤，冷凍後就能吃。有着半透明的乳白色表皮，外表十分雅趣。

京式月餅就是我！外形精美，可是別以為我華而不實！我皮薄酥軟，層次分明，口感很好。

冰淇淋月餅，顧名思義，外表用月餅的模子，裏面都是爽口的冰淇淋喲！

月餅家族

月餅兄弟連

雖說眾口難調，但是各種滋味的月餅總有一款適合你的口味。嚐一嚐，把對應的月餅成份連起來，找出下面這些美味月餅的「前世今生」吧。

月餅口味：

甜味

鹹味

鹹甜味

麻辣味

餡心：

桂花

肉鬆

伍仁

火腿

蛋黃

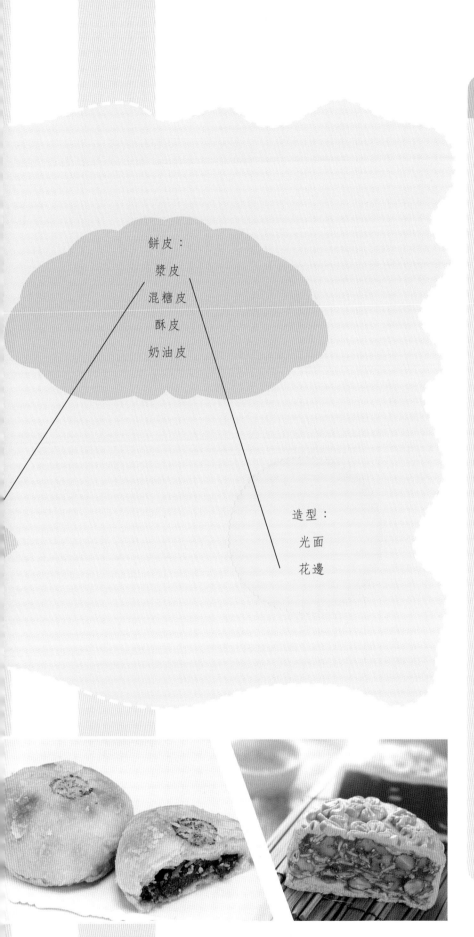

餅皮：
漿皮
混糖皮
酥皮
奶油皮

造型：
光面
花邊

自己動手做月餅

　　還沒有你喜歡吃的月餅嗎？

　　那你可以試試自己動手做月餅哦。也許有一天你可以開辦一個月餅工廠，就像電影《朱克力獎門人》那樣，讓月餅成為傳情達意的媒介，將美好情感濃縮在月餅裏！

廚師：＿＿＿＿＿＿＿

品牌：＿＿＿＿＿＿＿

顏色：＿＿＿＿＿＿＿

形狀：＿＿＿＿＿＿＿

味道：＿＿＿＿＿＿＿

餡心：＿＿＿＿＿＿＿

餅皮：＿＿＿＿＿＿＿

價格：＿＿＿＿＿＿＿

產地：＿＿＿＿＿＿＿

保質期：＿＿＿＿＿＿

月餅的外衣

如果讓你送出一份月餅表達心意，你會如何設計月餅的外衣（包裝）呢？
請你根據三張任務卡，在空白的「月餅外衣」上做設計吧！

祝福卡

一直以來，月餅包裝都很重視選用濃厚的中國元素，比如圖案設計以民間故事為題材，如嫦娥奔月、玉兔搗藥、賞月、青花瓷等；文字多以中國書法、篆刻、詩詞等來表現。

還有一些包裝則主要滿足年輕人追求時尚的需求，比如以星座祝福寄託自己　　　　　的心願。如果讓你送一份月餅，你會在　　　　　月餅的包裝盒上寫些甚麼呢？

適用卡

　　根據人們的不同需求，月餅的包裝造型也很有講究，形式多樣，有手攜式、開窗式、抽屜式、蓋盒式、翻蓋式、書本式、簡裝式、展開式等。

你會選甚麼樣式的包裝？

健康卡

　　選用的材料不僅要好看，同時更要注重衞生安全。竹、木、藤、紙、塑料、金屬等，哪些屬於天然材料，具有甚麼樣的功能呢？

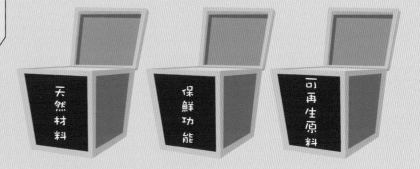

月餅四

天涯共此時

入鄉隨俗

中秋為花好月圓之時，正所謂「海上生明月，天涯共此時」。人們由天上的月圓想到了人間的團圓，也正因如此，中秋節自古以來被視為「團圓節」。祖國大地上，除了一些大眾節俗外，還有一些地域的中秋節習俗很特別。一起來「入鄉隨俗」吧！

四川——點橘燈

中秋夜點橘燈，懸掛在門口，表示慶祝。也有兒童在柚子上插滿香，挑燈沿街玩耍。

西藏——尋月

藏族同胞有中秋「尋月」的習俗，即中秋節夜晚，人們沿着河流尋找月亮的倒影。

廣東——豎中秋

每逢中秋節，各家要用竹篾紮燈，於塔上燃燈。燈頭多樣，有花果燈、鳥獸燈、魚蟲燈、字燈。

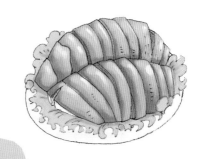

南京——桂花鴨

南京人中秋除愛吃月餅外，必吃金陵名菜桂花鴨。桂花鴨肥而不膩，味美可口。

江西——燒瓦罐

在中秋節的傍晚，每條村都會用稻草燒瓦罐。待瓦罐燒紅後，再放醋進去。這時就會有香味飄滿全村。

中秋新聞：入鄉隨俗，老外扮嫦娥

2013年9月16日，上海人民廣場地鐵站出現一個外國美女，她「變身」嫦娥，一身古裝打扮、手捧玉兔佇立在人民廣場地鐵站，向路人分發月餅，號召大家抵制過度包裝，並求與路人共度中秋良宵。據稱，她是來自立陶宛的美女，有網友評價這位嫦娥是「中秋最美洋嫦娥」。

據搜狐網

搭乘賞月航班

你是否常會一邊吃月餅，一邊向窗外探出小腦袋，對着天空發出感歎：「今夜的月亮好圓啊！」

現在，邀請你換一個角度欣賞月亮——

在一個美麗的中秋夜，我們一起搭乘賞月航班飛過夜空，在萬米高空觀賞最原始的月色。

驚奇新聞 1：開啟中秋賞月航班

某網站推出了中秋賞月航班專題，方便那些有機會在機艙裏「中秋賞月」的人查閱相關信息。網站會用圖片來展示航班在月亮旁邊的運行軌跡，哪張畫面最能打動你，那就是你心儀的最佳賞月角度。

也許你很難想像：月亮和星星明亮地佈滿整個蒼穹，皎潔的月輝灑在雲層頂端，星星在銀輝中閃爍着各種光彩。這樣的月夜，隔絕了現代的喧囂和污染，也許正是古人所見的模樣。

據《今晚民航》

驚奇新聞 2：五層樓高的「月亮」

　　2013 年 9 月 16 日晚中秋前夕，一個直徑達 15 米，相當於一幢五層樓高的人造巨型月亮，亮相蘭州東方紅廣場。據活動商家介紹，中秋節期間，通體發光的巨型月亮將與懸於天際的月亮一起，共同點亮蘭州的夜空，呈現罕見的「雙月奇觀」。有網友笑稱，即使蘭州下雨也能賞月了。

據中國新聞社

地球村的中秋節

遙望明月共此時，歡度佳節同相知。

如今，中國人的身影遍佈在世界各地。隨着在世界各地定居的華人羣體不斷擴大，中秋佳節早已走出國門，飛向了世界。地球村的中國節，新意百出、五彩繽紛。讓我們一起走進異國他鄉，品嚐不一樣的中秋風味吧！

中秋節也是越南兒童的一個節日。當晚，孩子們聆聽關於阿貴的傳說，觀看舞獅。

日本的中秋節稱為十五夜，也叫中秋名月。與中國人在中秋節的時候吃月餅不同，日本人在賞月的時候吃江米糰子，稱為「月見糰子」。一些寺院和神社在中秋節還會舉辦專門的賞月會。

菲律賓當地華僑、華人會舉行為期兩天的中秋節慶活動。唐人街的小橋掛上彩幅，商店出售各式月餅。人們會開展舞龍遊行、民族服裝遊行、燈籠遊行和花車遊行等活動。

美國馬薩諸塞州的留學生表示：「中秋節當天，可能會組織 Party，大家會聚在一起吃飯，唱着經常在中國 KTV 唱的歌。」

墨爾本 Box Hill 地區中秋時節會有一個中秋燈會。很多中國餐館在中秋節當天人流旺盛。

審圖號：GS (2016) 1611 號
國家測繪地理信息局監製

我的家在中國・節日之旅 ⑦

月是
故鄉明 | 中秋節

檀傳寶◎主編　李敏◎編著

責任編輯： 余雲嬌
裝幀設計： 龐雅美
排　版： 時　潔
印　務： 劉漢舉

出版 / 中華教育

香港北角英皇道 499 號北角工業大廈 1 樓 B
電話：（852）2137 2338
傳真：（852）2713 8202
電子郵件：info@chunghwabook.com.hk
網址：https://www.chunghwabook.com.hk/

發行 / 香港聯合書刊物流有限公司

香港新界荃灣德士古道 220-248 號
荃灣工業中心 16 樓
電話：（852）2150 2100
傳真：（852）2407 3062
電子郵件：info@suplogistics.com.hk

印刷 / 美雅印刷製本有限公司

香港觀塘榮業街 6 號
海濱工業大廈 4 樓 A 室

版次 / 2021 年 3 月第 1 版第 1 次印刷
©2021 中華教育

規格 / 16 開（265 mm x 210 mm）